BEI GRIN MACHT SICH IHR WISSEN BEZAHLT

- Wir veröffentlichen Ihre Hausarbeit, Bachelor- und Masterarbeit

- Ihr eigenes eBook und Buch - weltweit in allen wichtigen Shops

- Verdienen Sie an jedem Verkauf

Jetzt bei www.GRIN.com hochladen und kostenlos publizieren

Bibliografische Information der Deutschen Nationalbibliothek:

Die Deutsche Bibliothek verzeichnet diese Publikation in der Deutschen National-
bibliografie; detaillierte bibliografische Daten sind im Internet über http://dnb.d-
nb.de/ abrufbar.

Impressum:

Copyright © 2005 GRIN Verlag
Druck und Bindung: Books on Demand GmbH, Norderstedt Germany
ISBN: 9783640802449

Dieses Buch bei GRIN:

https://www.grin.com/document/163284

Martin D. C. Bruch

Die Dampfmaschine. Die Erfindung und ihre gesellschaftspolitischen Auswirkungen

GRIN Verlag

Universität Konstanz
Fachbereich Physik
„EPG II: Bedeutende physikalische Entdeckungen
und ihre gesellschaftspolitische Relevanz"

Die Dampfmaschine
– Die Erfindung und ihre gesellschaftspolitischen Auswirkungen

im Seminar: **„EPG II: Bedeutende physikalische Entdeckungen und ihre gesellschaftspolitische Relevanz"**

SS 2005

Inhalt und Gliederung:

1. Vorweg: Die Theorie einer Wärmemaschine

Generell betrachtet, ist eine Wärmemaschine ein Gerät, das aus seiner Umgebung Wärmeenergie aufnimmt und damit Arbeit leistet. Dazu benötigt sie zunächst einmal eine Arbeitssubstanz. Bei der Dampfmaschine, die wir später betrachten werden, ist dies das Wasser, bei einem Verbrennungsmotor im Auto zum Beispiel ein Gemisch aus Benzin und Luft.

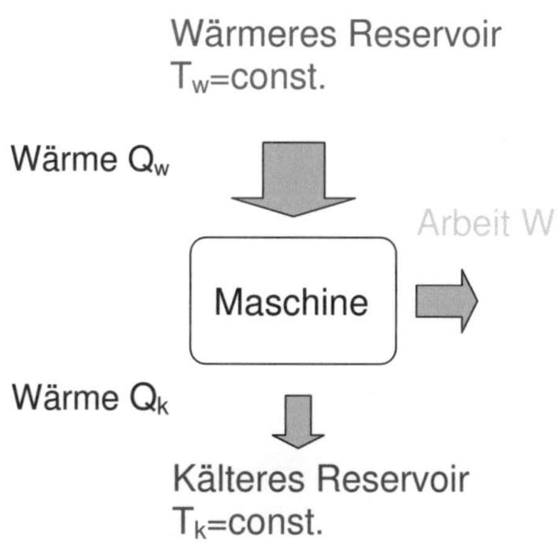

Abb. 1: Wärmekraftmaschine schematisch

1.1 Der Kreisprozess

Bei einer Wärmemaschine ist es sinnvoll einen Kreisprozess anzustreben, der dadurch definiert ist, dass Anfangszustand und der Endzustand nach einer Periode wieder gleich sind. In jedem anderen Prozess müsste an der Maschine Arbeit geleistet werden, um sie nach einer Periode wieder in den Anfangszustand zu versetzen. Ein solcher Kreisprozess, läßt sich gut mit einem p-V-Diagramm veranschaulichen, in dem das Volumen V auf der x-Achse und der Druck p auf der y-Achse aufgetragen wird. Abb.2 zeigt ein Beispiel eines solchen p-V-Diagramms. Der dort dargestellte Prozess verläuft folgendermaßen:

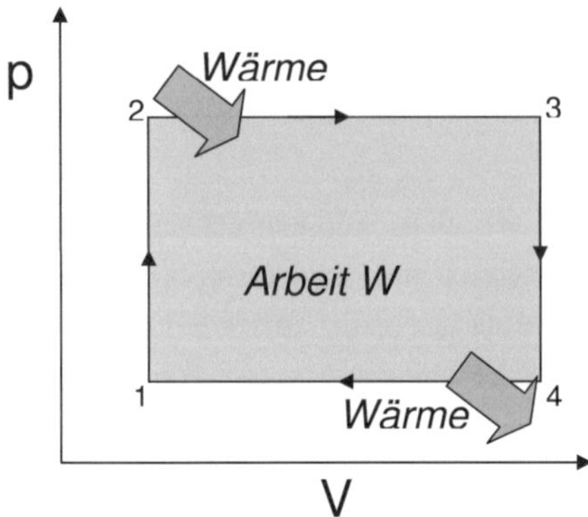

Abb. 2: Beispiel eines p-V-Diagramms

(1) Das System erhält Wärme, also wird geheizt, während das Volumen des Systems zunächst konstant gehalten wird. Da sich die Arbeitssubstanz nicht ausdehnen kann, erhöht sich der Druck. Man könnte sich zum Beispiel einen Dampfdruck-Kochtopf vorstellen, der auf der Herdplatte steht. Eine solche Gerade im p-V-Diagramm nennt man Isochore (V=const.).

(2) Bei weiterem Heizen wird nun der Druck konstant gehalten, während sich die Arbeitssubstanz jetzt ausdehnen kann. Mann kann sich hierbei einen Kolben vorstellen, der von der expandierenden Arbeitssubstanz geschoben werden kann. Eine solche Gerade im p-V-Diagramm heißt Isobare (p=const.)

(3) Nun wird das System bei konstantem Volumen gekühlt. Wir bewegen uns also wieder entlang einer Isochore. Das würde zum Beispiel passieren, wenn man den Dampfdruckkochtopf vom Herd nimmt und in den Kühlschrank stellt.

(4) Schließlich gehen wir unter weiterem Kühlen auf einer Isobare zum Ausgangspunkt zurück. Der Kreisprozess ist abgeschlossen.

Während der isobaren Vorgänge kann wie oben erwähnt Arbeit zum Beispiel in Form von Kolbenbewegungen geleistet werden. Hierbei sei erwähnt, dass es neben diesem Beispiel noch eine Vielzahl anderer Ausführungen von Kreisprozessen gibt, die z.B. noch mit Isothermen (Temperatur T=const.) und Adiabaten (Wärmeänderung ΔQ=0) arbeiten. Um das Prinzip zu verstehen, genügt aber dieses einfache Modell.

1.2 Geleistete Arbeit und Wirkungsgrad

Die Arbeit, die während des Kreisprozesses verrichtet wird, wird mathematisch durch das Integral $W = \int p \cdot dV$ ausgedrückt, was der grün unterlegten Fläche in Abb.2 entspricht. Mit Hilfe des ersten Hauptsatzes der Thermodynamik lässt sich die Arbeit durch die zu- und abgeführte Wärmeenergie im Kreisprozess ausdrücken: Der erste Hauptsatz der Thermodynamik besagt, dass die Änderung der Inneren Energie ΔU eines Systems gleich der Summe aus seiner Gesamtwärme und seiner geleisteten Arbeit ist, also

$$\Delta U = W + Q_{Gesamt}$$

Nun ist aber in einem Kreisprozess ΔU=0, da Anfangs- und Endzustand gleich sind, und somit gilt $-W = Q_{Gesamt} = Q_w + Q_k$. Weiterhin ist es in der Thermodynamik Konvention, Energien, die dem System zugeführt werden, mit positivem Vorzeichen und solche, die ihm abgeführt werden, mit negativem Vorzeichen zu versehen. Somit erhalten wir also die Arbeit

$$|W| = Q_w - |Q_k|$$

Um nun verschiedene Wärmemaschinen miteinander vergleichen zu können, definiert den sogenannten Wirkungsgrad η :

Der Wirkungsgrad η einer Wärmekraftmaschine ist der Quotient aus verrichteter Arbeit und zugeführter Wärme.

Je größer also unser Wirkungsgrad ist, desto effektiver arbeitet unsere Maschine.

Mit unserem obigen Ausdruck für die Arbeit ergibt sich also:

$$\eta = \frac{|W|}{|Q_w|} = \frac{Q_w - |Q_k|}{|Q_w|} = 1 - \frac{|Q_k|}{|Q_w|}$$

Mit der sogenannten Wärmekapazität c und der Temperatur T lässt sich eine Wärme auch durch $Q = c \cdot T$ ausdrücken. Damit lässt sich nun schreiben:

$$\eta = 1 - \frac{|Q_k|}{|Q_w|} = 1 - \frac{c \cdot T_k}{c \cdot T_w} = 1 - \frac{T_k}{T_w}$$

Je größer wir also den Unterschied der Temperaturen realisieren können, desto höher wird der Wirkungsgrad. Die Bauteile bzw. das Material unserer Maschine sollten also über einen möglichst weiten Temperaturbereich stabil sein

2. Die Vorgeschichte

2.1 Die Vorläufer von 120 v. Chr. – 1705

Bevor Newcomen und Watt die ersten Dampfmaschinen bauten, gab es bereits eine Reihe von Vorläufern, von denen hier die drei wichtigsten erwähnt seien:

o Heron von Alexandrien (120 v. Chr.): Er hat neben vielen anderen Geräten den nach ihm benannten Heronsball als kleines Spielzeug konstruiert. Dieser Ball wurde mit Dampf gespeist und hatte zwei Düsen, durch die der Dampf austreten kann, so dass er sich nach dem Prinzip des Rasensprengers drehte.

Abb. 3: Der Heronsball (Quelle: www.wikipedia.de)

o Denis Papin (1690): Der Franzose Papin entwickelte zunächst den Prototyp des auch heute noch gebräuchlichen Dampfdruckkochtopfs. Dann baute er eine Kolbendampfmaschine. Dabei erhitzte er Wasser in einem Zylinder, so dass sich ausbreitende Dampf einen Kolben anhob. Durch spätere Kühlung kondensierte der Dampf und es entstand ein Unterdruck im Zylinder, die Atmosphäre drückte den Kolben wieder in die Ausgangslage zurück.

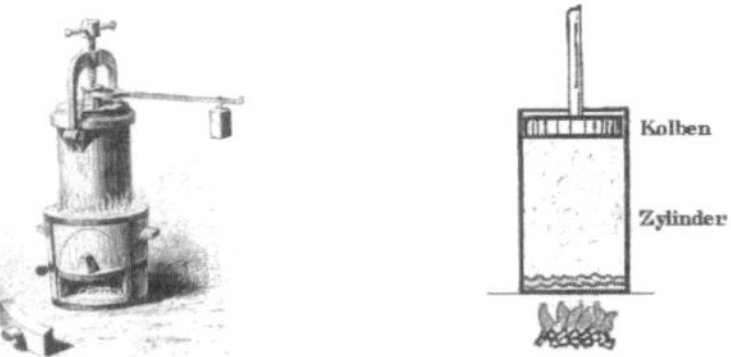

Abb. 4: a) Papins Dampfdruckkochtopf, b) Seine Kolbendampfmaschine (Quellen: a) www.history.rochester.edu/ steam/thurston/1878/, b) www.ferromel.de/ tech_410.htm)

o Thomas Savery (1698): Acht Jahre später schaffte es Savery diese Kolbenbewegung so umzusetzen, dass eine Pumpe damit betrieben werden konnte. Heute wird seine Erfindung als Atmosphärische Dampfpumpe bezeichnet. Allerdings war sie noch so ineffektiv, dass sie kaum Anwendung fand.

Abb. 5: Die atmosphärische Dampfpumpe von Savery (Quelle: http:// visite.artsetmetiers.free.fr/ savery.html)

2.2 Bergbau in England um 1700

Nun stellt sich natürlich die Frage, warum sich die Menschheit gerade um 1700 wieder stark für den Dampfantrieb interessierte. Dafür ist es zunächst nötig die Situation des englischen Bergbaus zu dieser Zeit zu betrachten.

In England, der Seefahrernation und großen Kolonialmacht ging langsam aber sicher das Holz zur Neige. Nun war als Brennstoff noch Kohle möglich, als Baustoff z.B. für Fabriken bot sich Eisen an, wofür zur Verhüttung aber auch wiederum Kohle benötigt wird. Kurzum, es musst mehr Kohle her, deswegen wurden die Schächte im Bergbau immer tiefer. Bald aber waren die Schächte so tief, dass Grundwasser eindrang. Um dieses Problem zu lösen, wurden mit Pferden betriebene Pumpen eingesetzt. Die Pferde mussten aber wegen der großen Anstrengung oft ausgewechselt werden, so dass sehr viele Pferde angeschafft und gehalten werden mussten. Man kann sich ausmalen, dass dies nicht gerade eine billige Methode war. So wurde schon bald der Ruf nach einem billigeren und effektiveren Verfahren laut, und die Tüftler machten sich ans Werk.

3. Historisches und Technisches

3.1 Newcomen: Die Atmosphärische Dampfmaschine

Der Schmiedemeister Thomas Newcomen war schließlich der erste, der es schaffte, eine brauchbare Dampfmaschine zu bauen, die das Wasser aus den Bergwerkschächten pumpen konnte. Er hatte Papins und Saverys Werke studiert, die Technik etwas verfeinert und konnte bereits auf besseres Baumaterial zurückgreifen, was ja für den Wirkungsgrad maßgeblich wichtig ist (siehe Abschnitt 1.2). Da Savery allerdings ein Patent auf alle mit Feuer betriebenen Maschinen hatte, einigten sie sich, eine gemeinsame Firma zu gründen. Mit der 1705 zuerst patentierten „Feuermaschine" Newcomens war der Durchbruch gelungen. Sie war erheblich kostengünstiger als die Pferdehaltung und fand rasche Verbreitung in den Kohlebergwerken Englands und Europas. Newcomen arbeitete noch an den Feinheiten und vollendete seine Maschine schließlich 1712. Vom ersten Prototyp bis zur Maschine von 1712 stieg der Wirkungsgrad von 0,5% auf 1,3% - das klingt zwar wenig, war aber tatsächlich im Verhältnis zum Pferdeantrieb wesentlich rentabler.

Wie funktioniert also die Atmosphärische Dampfmaschine? Abb. 6 gibt uns eine schematische Übersicht:

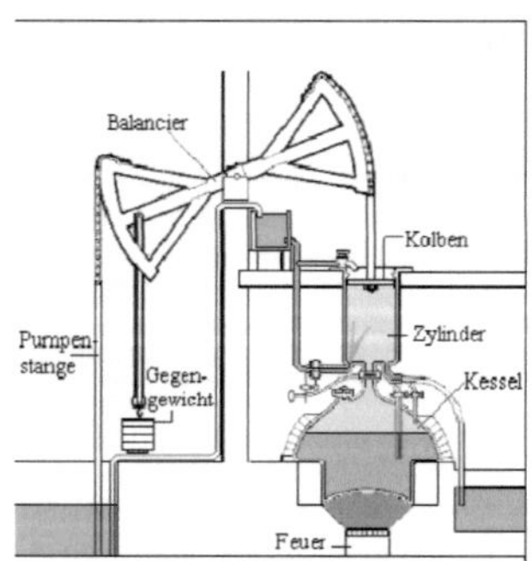

Abb. 6: Die atmosphärische Dampfmaschine von Newcomen (Quelle: www.physik.uni-muenchen.de/leifiphysik/web_ph09/umwelt_technik/)

Im Kessel wird Wasser erhitzt und zum Kochen gebracht. Wird das Ventil zum Zylinder geöffnet, so strömt dort Dampf ein. Das Gegengewicht und die Masse des Pumpengestänges ziehen den Balancier nach links unten, der Kolben wird nach oben gezogen (Ausgangslage von Abb.6). Nun wird kaltes Wasser in den Zylinder eingespritzt, so dass der Dampf kondensiert. Es entsteht ein Unterdruck im Zylinder, d.h. $p_{Zylinder} < p_{Atmosphäre}$ und somit wird der Kolben durch den Druck der Atmosphäre nach unten gedrückt und der Balancier geht links nach oben. Über den Balancier wird die Kolbenbewegung auf das Pumpengestänge übertragen, das mit Hilfe eines Schaufelmechanismus Wasser nach oben befördert.

3.2 Watt: Die Niederdruckdampfmaschine und ihre Weiterentwicklungen

1763 erhielt der Instrumentenbauer Watt, der an der Universität Glasgow beschäftigt war, von einem Professor den Auftrag, eine defekte Newcomen-Maschine zu reparieren, die alle anderen nicht wieder zum Laufen gebracht hatten. Nach einiger Zeit schaffte er es tatsächlich, sie wieder funktionsfähig zu machen, aber er hatte in der Zeit des Reparierens auch einige Überlegungen zur Verbesserung der Maschine angestellt. Nach dem er heimlich in einer Töpferei mit John Gardiner, einem erfahrenen Klempner, seinen Prototyp einer neuen Dampfmaschine erbaut hatte, erhielt er 1769 sein erstes Patent.

Über einige Umstände traf er schließlich mit dem tüchtigen und demokratisch geprägten Unternehmer Matthew Boulton zusammen. Sie gründeten zusammen 1774 die Firma „Boulton & Watt". Die beiden ergänzten sich prächtig. Watt konzentrierte sich auf die Weiterentwicklung, Boulton vermarktete die Maschine geschickt und regte Watt immer wieder zur Erschließung neuer Anwendungsgebiete an. Es folgte eine ganze Reihe von Verbesserungen und Erweiterungen. Der Wirkungsgrad der Wattschen Dampfmaschine lag zwischen 3,0% und 5,0%, war also mehr als doppelt so hoch, als der Newcomens.

Nun wollen wir uns anschauen, was Watt alles an Newcomens Maschine veränderte. Einen guten Überblick verschafft uns dazu Abb.7:

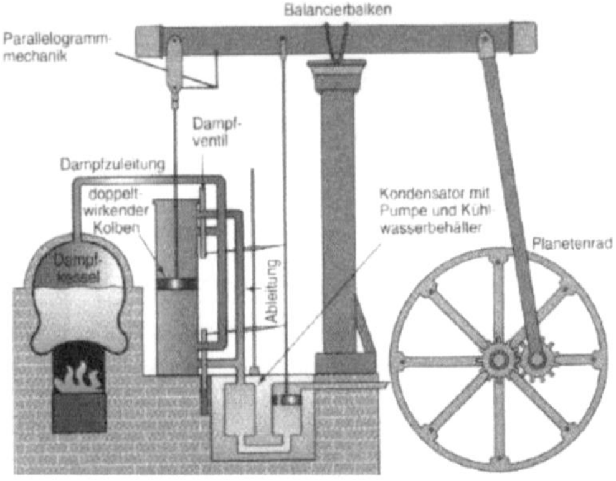

Abb. 7: Die Niederdruckdampfmaschine von Watt (Quelle: www.gymnasium-meschede.de/projekte/romantik/images/)

Zunächst einmal sah Watt, dass die beim ständigen Heizen und Kühlen des Kolbenzylinders viel Energie ungenutzt verloren geht. Also trennte er das Heizen und Kühlen in verschiedene Bereiche. Mit einer Saugpumpe wird der Dampf aus dem Kolbenzylinder in den separaten, ständig gekühlten Kondensator geleitet, während der Kolbenzylinder konstant auf einer Temperatur gehalten und mit einer Dampfschicht isoliert wird.

Ein nächster großer Fortschritt war die Idee, die Wärmeexpansion des Dampfes als Triebkraft zu nutzen. Er füllte den Zylinder nur zu 2/3 direkt mit Dampf, der sich dann durch die weitere Erhitzung ausdehnt und das restliche 1/3 selbst ausfüllt. Nun leistet also der Dampf die Arbeit und nicht mehr der Atmosphärendruck.

Später entwickelte Watt noch die Doppeltwirkende Maschine: Hierbei ließ er die Dampfkraft durch eine Ventilsteuerung abwechselnd auf beide Seiten des Kolbens wirken und nutzte somit den Kolbenzylinder doppelt.

Schließlich erweiterte er die Maschine um das sogenannte Planetengetriebe (siehe Abb.7). Dies setzt die Kolbenbewegung über ein fest montiertes Zahnrad in eine Drehbewegung um, so dass nun Räder und damit auch andere Maschinen angetrieben werden können. Mit einem Fliehkraftregler konnte er die Drehzahl auch annähernd konstant halten.

Als schließlich im Jahr 1800, nach einer im Parlament erwirkten Verlängerung auf 25 Jahre, das Patent auslief, waren viele andere Erfinder schnell dabei die Dampfmaschine weiter zu entwickeln. In der Mitte des 20.Jh wurde dann mit der Hochdruckdampfturbine ein Wirkungsgrad von nahezu 50% erreicht.

4. Gesellschaftspolitische Auswirkungen

4.1 Bahnbrechende Fortschritte in der Industrie

Mit der Wattschen Dampfmaschine war nun z.B. der Antrieb von Hammer, Walze und Gebläse möglich. Dies lieferte besseres Material, ermöglichte bessere Maschinen, die wiederum neue Anwendungsgebiete erschlossen und zu neuen Erfindungen führten. Laut einem Artikel der „Informationen zur Politischen Bildung" (siehe Literaturverzeichnis www.bpb.de) wurden von 1700 bis 1900 6x mehr feststellbare und angewendete Erfindungen im Abendland registriert, als in den 1700 Jahren davor. Eine Lawine des Fortschritts war losgebrochen. Die Vielzahl neuer Erfindungen steigerte Effektivität und Geschwindigkeit von Produktion und Transport in der Industrie. Als einige Beispiele seien hier genannt:

- o Dampfgetriebene Spinnmaschine von Cartwright (1785)
- o Dampfschiffahrt (ab 1788)
- o Drehbank von Maudsley (1800)
- o Lokomotive und Eisenbahn (ab 1825 als Verkehrsmittel)
- o Und selbst das erste Luftschiff wurde mit einer Dampfmaschine betrieben (1852)

4.2 Die Umwälzungen in der Gesellschaft

Die neu aufkommenden großen Fabriken benötigten viele Arbeiter, die zunächst keinerlei Schulung brauchten. Viele Menschen zogen in die Stadt zum Arbeiten. Das Ausmaß der Urbanisierung war so groß, dass z.B. in England um 1850 schon über 50% der Bevölkerung in Städten lebte. Leider mangelte es jedoch noch an der nötigen Infrastruktur, so dass viele Elendsviertel entstanden. Die Großfamilien, die bis dahin noch zusammengelebt hatten, wurden zerrissen und die Nuklearfamilien

(Vater, Mutter, Kinder) entstanden. Doch auch diese wurden stark belastet, da nun oft auch Frauen und Kinder in den Fabriken arbeiten mussten.

Dies war der Beginn des frühen Kapitalismus. Einige der großen Industriellen, beuteten die Arbeiter aus, die nun in der Stadt in rauen Mengen zur Verfügung standen, und die Arbeiterklasse verarmte. Die Kinderarbeit war oft unmenschlich, so dass es z.B. nichts Außergewöhnliches war, Kinder ohne Pause 23 Stunden am Tag arbeiten zu lassen (siehe Matschoss, S.273). Einige wenige hoben sich jedoch vorbildlich von der Masse ab. So war z.B. Boulton well wegen seiner demokratischen Einstellung und der guten Atmosphäre seiner Fabrik bekannt. Außerdem führte er für seine Mitarbeiter die Möglichkeit ein, 1/60 of ihres Einkommens in eine Kasse einzuzahlen, so dass sie im Krankheitsfall immer noch 80% ihres normalen Gehalts bekamen. Erst viel später griff der Staat in Form von Arbeiterschutz- und Sozialgesetzen regulierend ein, wobei Deutschland unter Bismarck hier Vorreiter war.

Bald jedoch erkannten auch die Fabrikbesitzer, dass zu Gerätewartung und Instandhaltung auch geschultes Fachpersonal nötig war. Nicht zuletzt ist also auch die heutige von Zünften losgelöste Form der Ausbildung dieser Entwicklung zu verdanken. Techniker, Facharbeiter, Büropersonal und andere Berufsgruppen des Mittelstands waren bald die großen Gewinner.

Durch die neuen Transportmittel wurde die Welt immer kleiner. Sie schufen schnelle Verbindungen über Land und Wasser und machten Reisen und Transport in bisher ungekannter Geschwindigkeit möglich. Um z.B. für die Züge einen Fahrplan aufstellen und einhalten zu können, musste nun die Zeit, die bisher je nach Ort unterschiedlich war, vereinheitlicht werden. So gab es in England als erstes die Einführung der „Unified Time".

4.3 Wissenschaft und Technik

Die früher stark elitär geprägte Wissenschaft begann sich für die Vielzahl neuer Geräte zu interessieren. So wollte z.B. die Dampfmaschine, die ja „nur" von Technikern entwickelt worden war (zur Erinnerung: Newcomen war Schmiedemeister, Watt Instrumentenbauer), von der Wissenschaft verstanden und verbessert werden. Wissenschaft und Technik begannen sich anzunähern und zusammen zu arbeiten. Sie stellten aneinander Anforderungen und so wurde der Nährboden für noch schnelleren Fortschritt gelegt.

So begann sich z.B. die Thermodynamik zu entwickeln. Als kurzer Zeitabriss, hier folgende Übersicht:

- 1824 Sadi Carnot: Ideales Gas, Carnot-Prozess, 2. Hauptsatz
- 1842 Julius Robert Mayer: Energieerhaltung, 1. Hauptsatz
- 1843 James Prescott Joule: Wärme und Arbeit Experimentell; 1. Hauptsatz
- 1848 William Thomson (Lord Kelvin): absoluter Nullpunkt, Kelvin-Skala, 1851 benützt er zum ersten mal den Begriff „Thermodynamik"

4. Ausblick

4.1 Aktuelle Anwendungen

Zum Abschluss noch ein kurzer Ausblick auf die aktuellen Einsatzgebiete der Dampfmaschine: Als Fahrzeug- und Maschinenantrieb ist die Dampfmaschine mittlerweile im Westen weitgehend von Verbrennungsmotoren bzw. Elektromotoren abgelöst. Sie findet aber noch Anwendung in Kraftwerken, wo meist Hochdruckdampfturbinen die gewaltigen Generatoren antreiben. So ist z.B. auch das Kernkraftwerk „nur" eine Dampfmaschine, die mit Brennstäben erhitzt wird. Dies wird in Abb.8 deutlich:

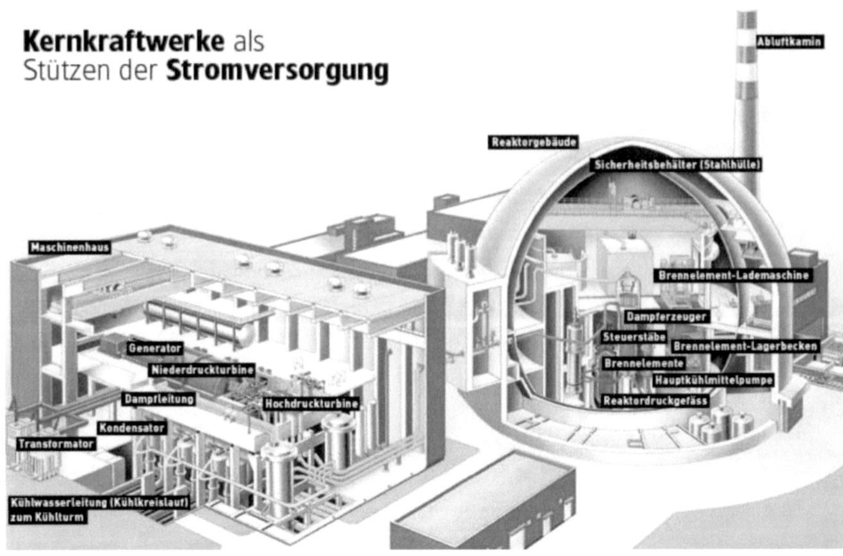

Abb.8: Übersicht eines Kernkraftwerks (quelle: www.strom-online.ch/ 4kernkraft/4kernkschaub.html)

Die Dampfmaschine hat, durch die gewaltigen Umbrüche und Fortschritte, die sie bewirkt hat, sicherlich den Weg für unsere heutige Konsumgesellschaft, aber auch für unseren hohen Lebensstandard gelegt. Bei all dem Leid, was zunächst wohl im Zuge der Industriellen Revolution aufkam, profitieren wir doch letztlich von so vielem, was ihr weiterer Verlauf mit sich brachte. Die Dampfmaschine als die Triebkraft des Fortschritts über mehr als 2 Jahrhunderte hat unsere Welt verändert und geprägt, wie kaum eine Erfindung vor ihr

5. Bildquellen & Literatur

- http://visite.artsetmetiers.free.fr/ savery.html
- http://www.bpb.de/publikationen/2OR8C7.html
- http://www.deutsches-museum.de/ausstell/meister/dampf.htm
- http://www.ferromel.de/ tech_410.htm
- http://www.geocities.com/Athens/Acropolis/
- http://www.gymnasium-meschede.de/projekte/romantik/images/
- http://www.history.rochester.edu/ steam/thurston/1878/
- http://www.physik.uni-muenchen.de/leifiphysik/web_ph09
- http://www.staugustin.de
- http://www.wikipedia.de
- http://www.zeus.zeit.de/text/2003/25/James_Watt_-_Serie
- Kunze, Hansjörg. *Impulse Physik 2 – Geschichte und Physik.* Stuttgart: Klett, 1. Auflage 2002
- Matschoss, Conrad. *Die Entwicklung der Dampfmaschine.* Moers: Steiger, 1908
- Savery, Thomas. *The Miner's Friend.* London: S. Crouch, 1702
- Tipler, Paul A. *Physik.* Berlin: Spektrum Akademischer Verlag, 1994
- Wächtler, Eberhard. In Otfried Wagenbreth (Hg.) *Dampfmaschinen.* Leipzig: 1986